Lisa Vanovitch
Mehr als ein Stück vom Kuchen

Inhalt

Lisa Vanovitch

Mehr als ein Stück vom Kuchen

Wie du dich mit Kooperationen für die Zukunft aufstellst

aus der Reihe *Bubble Your Hub*
Berlin, 2022

„Wenn du eine Stunde mehr am Tag
arbeitest als deine Konkurrenten, dann
muß es klappen, sagte mein Vater immer."

Alfred Herrhausen

Wandel zu einer kooperativen Wirtschaft

Unternehmen, die sich einen Weg in die Zukunft bahnen möchten, kooperieren.

Wer mit dem Modell *Spiral Dynamics* von Clare Graves vertraut ist, kennt die Theorie der spiralförmigen Entwicklung des menschlichen Bewusstseins und das Pendeln zwischen Phasen, in denen entweder das Individuum oder das Kollektiv im Fokus steht. Nach diesem Konzept befindet sich ein großer Teil der westlichen Machtstrukturen in Politik und Wirtschaft aktuell in einer leistungsorientierten Bewusstseinsphase, die mit einer gut geölten Maschinerie auf materiellen Gewinn ausgelegt ist und das Individuum ins Zentrum stellt. Diese Machtstrukturen werden sich nach dem Modell von *Spiral Dynamics* zugunsten einer Phase des Kollektivs verschieben, in denen **Gemeinschaftsgefühl, Vernetzung und Querverbindungen** das menschliche Zusammenleben bestimmen.

„Wachstum, Wirtschaft und Individualisierung: lohnenswerte Ziele für jede Generation. Nur ist das leider zu ichbezogen. Das ,Wir' gerät dabei außer Reichweite. Eigentlich kein Wunder, die Babyboomer sind schließlich bekannt als die Me-Generation. Und nicht nur sie: Generationenkonflikte, gemischt mit der Hyperindividualisierung der zweiten Hälfte des zwanzigsten Jahrhunderts, haben dazu geführt, dass Generationen tendenziell eher im eigenen Interesse handeln. Es wurde rebelliert, gekämpft, und in den Siebzigern änderte sich kulturell so einiges. Die Welt wurde schöner, liberaler und globaler. Wachstum, Wachstum, Wachstum ..."

Aus *Unsere Fucking Zukunft* von Tristan Horx

Das Buch von Tristan Horx *Unsere Fucking Zukunft* zeichnet aus Sicht eines sogenannten Millenials in den späten Zwanzigern ein Bild davon, was auf uns zukommt: Eine intergenerationale, gesellschaftliche Rebellion, die gemeinschaftlich Lösungen für ihre Krisen sucht.

Dass dieser Wandel rasant kommen muss, ist auch zahlreichen Politökonom:innen und Zukunftsforscher:innen

> Das Wirtschaftswachstum, das wir benötigen um unseren Lebensstandard im Westen zu halten, ist nicht mehr tragfähig.

wie Maja Göpel, John Maynard Keynes und Christian Felber bewusst. Die Postwachstumsökonomie wird die aktuell auf Wachstum ausgelegte Konsumwirtschaft ablösen und unsere Wirtschaft stark prägen. Dabei werden wir vermutlich folgende Veränderungen beobachten:

Subsistenz

Produktionsketten verkürzen sich. Statt uns auf globale Lieferketten zu verlassen, werden wir Dinge zunehmend selbst oder in Gemeinschaft produzieren bzw. anbauen. Dafür werden wir weniger Überschuss generieren und Dinge länger nutzen. Soziale Netze für den Leistungstausch und Wissenstransfer werden ausgebaut. Wir teilen Gemeinschaftsgüter und technische Geräte.

Suffizienz

Wir werfen unseren Wohlstandsballast ab, vermeiden Reizüberflutung und streichen die 40-Stunden-Woche, um Zeitsouveränität zu gewinnen. Gesundheit und Selbstwirksamkeit werden immer relevanter. Rat und Tat werden mehr nachgefragt als die Steigerung von Eigentum. Wir treffen unsere Kaufentscheidungen bewusster und entscheiden uns für Unternehmen, die unsere Werte teilen und ihre Glaubwürdigkeit unter Beweis stellen.[1]

Arbeitsteilung

Statt Märkte möglichst zu dominieren und auszuweiten, werden Unternehmen sich an effizienten und konsistenten Modellen orientieren. Dauerhafte und reparable Komponenten setzen sich durch, während sich Unternehmen mit Umgestaltung statt Neuproduktionen finanzieren. Module mit intelligenten Schnittstellen gewinnen sowohl im materiellen wie auch im immateriellen Bereich an Wert.

> Kooperationen sind nicht nur privat sondern auch wirtschaftlich essenziell.

---

[1] Siehe *Es liegt dir auf der Zunge* von Lisa Vanovitch, edition progris, Berlin 2022

Wir spüren im Westen schon jetzt die ersten Auswirkungen der Postwachstumsökonomie. Das Nettorealeinkommen ist in Europa seit 22 Jahren konstant gesunken – selbst bei anhaltenden Lohnerhöhungen ab der Weltwirtschaftskrise 2008/2009 haben Europäer:innen heute weniger Geld im Portemonnaie als noch im Jahre 2000.[2] Hinzu kommt ein zunehmend ungleiches Verhältnis bei der Einkommensverteilung.

Die wirtschaftliche Nachfrage stagniert und der Preiskampf ist in vollem Gange. Große Unternehmen kaufen mittelständische Betriebe auf. Es gilt Kosten zu senken und effizienter zu werden. Kleine Unternehmen können ihre Kosten nicht über Massenabfertigung senken, sondern wählen zunehmend die Spezialisierung als Mittel der Rationalisierung. KMUs fokussieren sich daher auf ihre **Kernkompetenzen** und lagern Nebenleistungen aus. Das heißt, ihr Leistungsspektrum wird zunehmend schmaler.

Zugleich werden aber auch **Kundenbedürfnisse** immer spezifischer. Die Individualisierung, die in der zweiten Hälfte des 20. Jahrhunderts erfolgt ist, hat eine Pluralität von Lebensweisen und Weltanschauungen entstehen lassen. So wurde das Marktangebot immer komplexer und persönlicher.

Als Konsequenz sucht der Markt länger und gezielter nach passenden Angeboten.

Das entstandene Delta aus spezifischerer Nachfrage und einem eher zersplittertem Marktangebot ist für kleine und mittelständische Unternehmen eine ideale Voraussetzung für Kooperationen.

---

2   Zinke, Guido: Lohnentwicklung in Deutschland und Europa. Bundeszentrale für Politische Bildung, Bonn 2020

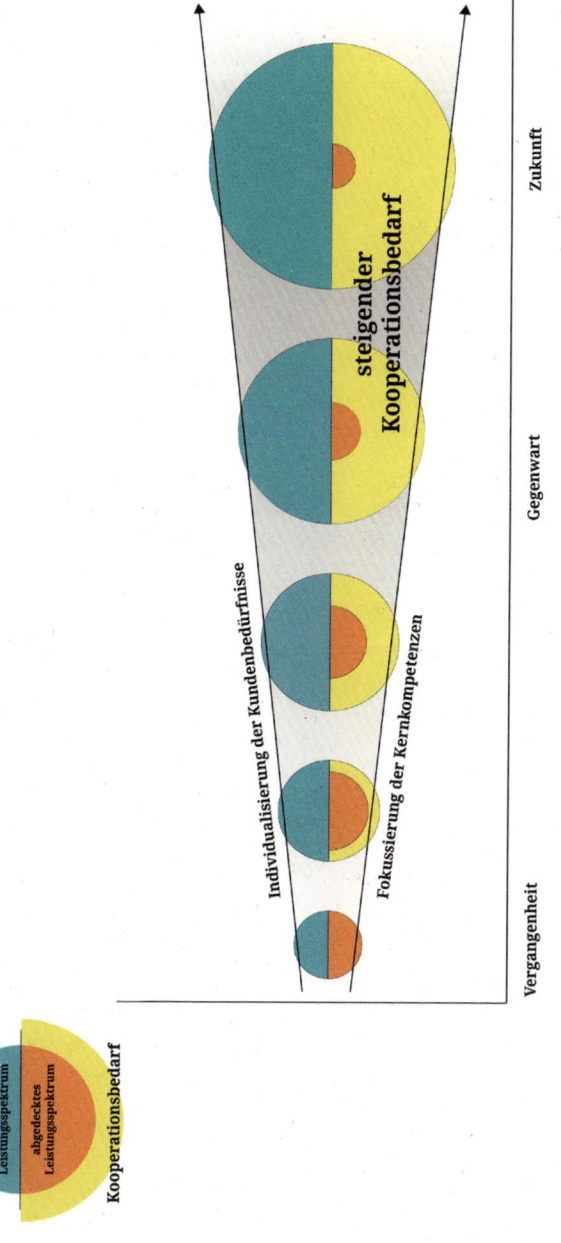

Quelle: Answin Vilmar, Diagramm aus „Markenkooperationen – Kooperationsmarketing: Strategien und Entscheidungshilfen für die Praxis", Bonn-Varus 2006

„Egal wie brillant dein Verstand oder deine Strategie ist... Wenn du ein Solospiel spielst, wirst du immer gegen ein Team verlieren."

Reid Hoffman

Gründe für Kooperationen

Unternehmen haben viele Gründe, um in Kooperation zu treten.

Reichweite erhöhen und Marke stärken

Für viele KMUs liegt das größte Potenzial von Kooperationen in der Erhöhung der Reichweite. Wirtschaftliche Kooperationen werden im Fachjargon nicht ohne Grund Markenkooperationen, Marketingkooperationen oder auch Kooperationsmarketing genannt, da im Bereich Marke und Marketing die größte Wertschöpfung gesehen wird. Für Unternehmen, die erklärungsbedürftige Produkte oder produktbasierte Dienstleistungen (Productized Services) verkaufen – wie zum Beispiel viele Coaches und Online-Businesses – ist eine hohe Reichweite besonders attraktiv. Wenn Zeit nicht direkt gegen Geld getauscht wird, führt eine bessere Sichtbarkeit auch in der Regel zu höherem Umsatz.

Durch Kooperationen mit den richtigen Partner:innen können Unternehmen für eine ausgewählte Zielgruppe erlebbarer gemacht werden. Hierzu gibt es vielfältige Werkzeuge, die im Kapitel „Formen der Kooperation" erläutert werden.

Die Zielgruppe ist der Dreh- und Angelpunkt für eine Markenkooperation.

Außerdem können innerhalb der Kooperation Aufträge auch weitervermittelt werden, sodass die Kundschaft beim passendsten Unternehmen buchen kann. Entscheidend dabei ist, dass durch die Kooperation eine Win-Win-Win-Situation hergestellt wird, mit klarem Nutzen für die Kundschaft und für die Partner:innen.

Die Vorteile im Marketing durch Kooperationen:

- » Erhöhung der Sichtbarkeit
- » Gewinnung von Kund:innendaten
- » Erschließung neuer Absatzmärkte und Zielgruppen
- » Stärkung des Markenimages
- » Schaffung von Mehrwert für die Kundschaft
- » Unterstützung in der gemeinsamen Abwicklung von Aufträgen

Kosten senken / Ressourcen teilen

In den letzten Jahren entstanden schon die ersten Ansätze, um die Kosten auf den Schultern mehrerer kleiner Unternehmen zu verteilen.

» Senkung von Raumkosten, zum Beispiel durch Co-Working-Büros oder Lagerboxen

» Teilung von Werkstätten, Anlagen und Software

» Temporäre Nutzung von Flächen wie bei Pop-Up-Stores

» Einkauf mit Mengenrabatten und gebündelter Lieferung mittels Einkaufsgemeinschaften

Die Potenziale von Ressourcenteilung im B2B-Bereich sind vielfältig und werden erst jetzt langsam ausgelotet. Im B2C-/C2C-Bereich hingegen erfreut sich die Nutzung geteilten Eigentums in den letzten Jahren bereits großer Beliebtheit. Das sieht man am Aufstieg von Car2Go, Uber, BlaBlaCar, AirBnB, Helpling, Kleider Kreisel, Couchsurfing, Kickstarter, und viele mehr. In Unternehmen scheint es jedoch noch Berührungsängste zu geben. Das Konkurrenzdenken ist noch weiterhin im Kopf verankert. Die Verfügung über mehr und bessere Assets wird oftmals noch als Schlüsselfaktor zum Erfolg gesehen. Solche Unternehmen arbeiten auf einer eher transaktionalen Grundlage mit anderen Unternehmen zusammen. Dabei bleiben viele Potenziale durch Kooperationen noch unberührt.

Kooperationen zwischen Unternehmen sind also eine natürliche Antwort auf die Ressourcen-Verknappung.

Kosten für die Nutzung von Gerätschaften und Räumen können auf mehrere Partner:innen verteilt werden und die Kooperation kann schneller auf wechselnde Anforderungen im Markt reagieren.

Wissenstransfer und Kontakte

Nicht nur Materielles kann geteilt werden, sondern auch Know-How und Kontaktkreise. Wir leben in einer Wissens- und Dienstleistungsgesellschaft. Für viele Unternehmen ist die Möglichkeit, auf die richtigen Kontakte und Erkenntnisse zugreifen zu können noch wertvoller als das Teilen von Geräten oder Räumlichkeiten.

Es ergeben sich folgende Synergien:

» Austausch über Erfahrungen mit der Lieferkette, geeigneter Dienstleister:innen und Branchen-Herausforderungen

» Vermittlung von Kontakten an geeignete Partner:innen

» Wachstumsmöglichkeiten für Mitarbeiter:innen innerhalb der Kooperation oder sogar das flexible Teilen von Personal

» Zuarbeit von Dienstleistungen im Rahmen der Kernkompetenzen

Innovation und Rückhalt

Mit den vielen zuvor genannten, handfesten Vorteilen sollte der wahrscheinlich wichtigste Aspekt nicht unerwähnt bleiben: Kooperationen lösen den aktuellen Verdrängungswettbewerb durch Solidarität ab. Sie ermöglichen Rückhalt in Krisen, bereichern mit Austausch, erweitern unseren Horizont und machen ganz einfach Spaß. Als Unternehmer:innen sowie auch als Mitarbeiter:innen verbinden wir uns wieder stärker mit unserem „Warum". Wir wollen Veränderungen bewirken. Kooperationen geben uns einen Ort, an dem unsere Unternehmungen wachsen können. Sie funktionieren wie ein intrinsischer Think Tank zur Erforschung, Entwicklung und Bewertung von Branchenthemen.

Kooperationen bieten einen Raum für Ideenaustausch und Innovation

„Versammlungsorte spielen eine wichtige Rolle beim Aufbau von Beziehungen, aus denen eine Bewegung entsteht. Von Ost nach West gibt es Beispiele für florierende Orte, die eine neue Ebene des Beziehungsaufbaus und des Gemeinschaftsdialogs ermöglichen. Orte, an denen Stimmen gehört werden, der kollektive Geist spürbar wird und kraftvolle neue Richtungen geschmiedet werden. Manche Räume sind eine Abwandlung des Vertrauten, andere sind das Ergebnis einer radikalen Überarbeitung dessen, was Wände und ein Dach für die Gemeinschaft bieten können."

Claudia Horwitz (übersetzt aus dem Englischen)

Ich bin davon überzeugt, dass aktuell auch viele kleine und mittlere Unternehmen den Wunsch in sich verspüren, in Kooperation zu treten. Warum fällt es ihnen dann so schwer, dem Wunsch systematisch nachzugehen? Ich vermute, es fehlt an handfestem Know-How, Kontakten und Best Practices bei den einzelnen Schritten:

1. *Es fällt schon schwer, die passenden Partner:innen zu finden und zu gewinnen.*

2. *Dann gilt es, eine zündende Idee für kooperative Ansätze zu entwickeln, z.B. ein gemeinsames Angebot auszuarbeiten.*

3. *Hat man das geschafft, geht es um die konkrete Augestaltung und Verhandlung. Dabei übernimmt man auch unternehmerisches Risiko – Zeit- oder Kostenaufwände mit ungewissem Ausgang.*

4. *Idealerweise sollte eine neutrale Person den Raum für die Kooperation halten. Wenn man selbst Stakeholder:in ist, befindet man sich im Zwiespalt zwischen Moderation und eigenem Interesse.*

5. *Es gibt keine Ratschläge dafür, wie man mit komplexen Tauschgeschäften, schwierigen Team-Dynamiken und unterschiedlichen Motivationsstufen oder Zielstellungen unter den Parteien umgeht.*

Es gibt keine allgemein zugänglichen Erfahrungsberichte und Muster für die Handhabung.

Leider wird die Luft dünner, wenn man passende Expertise sucht. Konventionelle Unternehmensberater:innen können und wollen oftmals nicht mit Kooperationen umgehen. In meiner persönlichen Erfahrung haben mir sogar einige von zu engen Kooperationen abgeraten. Sie belächeln den kooperativen Gedanken oder machen sich sogar Sorgen. Man könne sich „gemeinsam abschotten" und „seine Ziele aus den Augen verlieren". Es ist ihnen nicht klar, wen sie jetzt konkret bei solch einem Mandat beraten würden. Ihre Expertise stützt sich meist auf das Prinzip, ihre Klient:innen nur besser für den Wettbewerb zu machen und praxiserprobte, konventionelle Methoden in ihrem Fachgebiet anzuwenden. Zum Schluss tippen sie griffige Kennzahlen für die üblichen Indikatoren in ihren Abschlussbericht.

Eine Kooperation öffnet in ihren Augen erschreckend viele neue Türen und bedeutet Möglichkeiten sowie Veränderungen, die sich über mehrere Fachgebiete erstrecken und nicht immer leicht zu greifen sind.

Eine Kooperation sollte eine Eigendynamik entwickeln und neue Ideen fruchten lassen. Es ist ein gutes Signal, wenn sich dadurch auch die ursprünglichen Ziele verändern. Schnell wird das für Berater:innen jedoch unübersichtlich und gibt ihnen das Gefühl, außen vor gelassen zu werden. Wir können aber erwarten, dass sich für die Beratung zu diesen Themen bald mehr Expert:innen finden lassen werden.

Die ersten Marketing-Agenturen bauen schon ihre Expertise für Kooperationsmanagement aus.

„Zusammenarbeit ist die Kunst, den Partner glauben zu machen, man arbeite nur für ihn."

Peter Amendt

Formen der Kooperation

Möglichkeiten für Kooperation sind sehr vielfältig. Dabei müssen nicht unbedingt Mitbewerber:innen derselben Branche kooperieren (horizontale Kooperation). Eventuell arbeiten die Partner:innen mit Prozessen, die dem eigenen vor- oder nachgelagert sind (vertikale Kooperation).

Oder sie sind in einem gänzlich anderen Handlungsfeld tätig. Unternehmen, die weder kongruent noch komplementär arbeiten, können auch kreativ miteinander verknüpft werden (laterale Kooperation).

Mögliche Kooperationspartner:innen sind also:

» Kooperationen mit Wettbewerber:innen (siehe Beispiel „Salz inner Suppe" im Kapitel *Fallstudien*)

» Kooperationen mit Handelspartner:innen (siehe Beispiel „Mojo Store" im Kapitel *Fallstudien*)

» Kooperationen mit komplementären Anbieter:innen (siehe Beispiel „Marketing Tapas" im Kapitel *Fallstudien*)

» Kooperationen mit Unternehmen, die denselben gesellschaftlichen Trend bedienen (siehe Beispiel „Sich Trauen Neu Gedacht" im Kapitel *Fallstudien*)

» Kooperationen mit Unternehmen, mit denen in Zusammenarbeit eine neue Lösung angeboten werden kann (siehe Beispiel „netSfon" im Kapitel *Fallstudien*)

» Kooperationen aus einer Kombination der o. g. Bereiche (siehe Beispiel „lesen lokal" im Kapitel *Fallstudien*)

Bundling

Mindestens zwei Unternehmen verkaufen ihre Produkte gebündelt mit einem rabattierten Gesamtpreis. Sie erhalten eine schnelle Reichweite und fördern den Abverkauf. Der Synergie-Effekt klingt jedoch schnell ab.

Beispiel: Ein Business Coach bietet im Coaching-Paket einen Onlinekurs eines anderen Coaches mit an.

Co-Advertising

Mehrere Marken schließen sich zu gemeinsamen Werbeaktionen zusammen, bei der alle einzeln wahrgenommen werden. Damit können Kosten gesenkt werden und Werbemittel bespielt werden, die zuvor nicht finanzierbar waren. Das stärkt die Reichweite.

Beispiel: Die Partner:innen drucken eine gemeinsame Broschüre, in der ihre jeweiligen Angebote vorgestellt werden.

Co-Branding

Mindestens zwei Marken bilden ein neues Produkt, sind dabei aber noch als eigenständige Marken erkennbar. Es entstehen kreative Produkte, welche die Marke stärken.

Beispiel: Das Produkt eines Unternehmens wird mit einer anderen Marke gebrandet.

Co-Creation

Unternehmen erstellen gemeinsam ein neues Angebot, das sie gemeinsam konzipieren, produzieren und vermarkten. Durch den Austausch werden die Unternehmen innovativer und stärken erheblich den Nutz-

wert für die Kundschaft. Auch die Reichweite und das Image wird gestärkt.

Beispiel: Mehrere Sachbuch-Verlage erstellen gemeinsam ein Buch.

Co-Events

Die Partner:innen organisieren und finanzieren eine Veranstaltung für die gemeinsame Zielgruppe. So kann zu niedrigeren Kosten eine große Reichweite erzielt werden. Die Marke wird gestärkt und die Kund-

schaft profitiert vom Facettenreichtum.

Beispiel: Mehrere Expert:innen veranstalten gemeinsam ein Seminar zu einem Themenschwerpunkt.

Co-Marketing

Die Unternehmen bündeln ihre Marketingmaßnahmen, um die Zeit- und Geldaufwände zu senken. Die Unternehmen erhöhen durch Vernetzung ihre Reichweite und steigern ihren Absatz.

Beispiel: Unternehmen mit erklärungsbedürftigen, ähnlichen Angeboten erstellen einen Online-Produktfinder.

	Bewertung
Kostensenkung	★★★★★
Reichweite	★★★★★
Image	★☆☆☆☆
Innovation	☆☆☆☆☆
Absatzsteigerung	★★★★☆
Nutzwert	★☆☆☆☆

Co-Promotions

Unternehmen arbeiten bei einer besonderen, gemeinsamen Werbemaßnahme zusammen. Sie verteilen die Werbekosten auf mehreren Schultern und teilen die neu gewonnene Reichweite.

Beispiel: Unternehmen teilen einen Infostand bei einem Kongress.

	Bewertung
Kostensenkung	★★★★☆
Reichweite	★★★★☆
Image	★☆☆☆☆
Innovation	☆☆☆☆☆
Absatzsteigerung	★★☆☆☆
Nutzwert	☆☆☆☆☆

Cross-Selling

Die Unternehmen nutzen ihre Vertriebskanäle untereinander, um neue Zielgruppen zu erreichen.

Beispiel: Ein Unternehmen fügt ein Produkt einer anderen Marke im eigenen Online-Shop ein.

	Bewertung
Kostensenkung	★★★☆☆
Reichweite	★★★★☆
Image	★☆☆☆☆
Innovation	☆☆☆☆☆
Absatzsteigerung	★★★★★
Nutzwert	★☆☆☆☆

CSR-Kooperation

Unternehmen engagieren sich gemeinsam für einen guten Zweck, um ihren Wirkungshebel zu verstärken. Durch die positive Öffentlichkeitsarbeit wird ihre Marke gestärkt.

Kostensenkung	★☆☆☆☆
Reichweite	★★☆☆☆
Image	★★★★★
Innovation	★☆☆☆☆
Absatzsteigerung	☆☆☆☆☆
Nutzwert	☆☆☆☆☆

Beispiel: Mehrere Unternehmen veranstalten gemeinsam ein Charity-Event.

Ingredient Branding

Der Bestandteil des Angebots einer anderen Marke wird auf einem Produkt sichtbar gemacht. Somit erhält der verwendete Bestandteil neue Reichweite und das Image wird auf beiden Seiten gestärkt. Auch

Kostensenkung	★★☆☆☆
Reichweite	★★★★☆
Image	★★★★★
Innovation	★☆☆☆☆
Absatzsteigerung	★☆☆☆☆
Nutzwert	★★★☆☆

die Kundschaft bekommt in aller Regel ein besseres Produkt durch die Nutzung eines hochwertigen Bestandteils.

Beispiel: In einer Eissorte wird ein enthaltenes Likör kenntlich gemacht und dient zur Namensgebung.

Lizenzen

Ein Unternehmen erhält das Recht, die Marke oder den Inhalt des Lizenz gebenden Unternehmens zu nutzen, das wiederum Reichweite dadurch erhält. Durch die Nutzung kann das Angebot verbessert werden.

Beispiel: In den Kursunterlagen einer Beraterin wird die Trainingsmethode eines Coaches vorgestellt.

Co-Referencing

Unternehmen mit nachgelagerten Prozessen empfehlen sich wechselseitig. Das stärkt den Absatz schnell und direkt.

Beispiel: Unternehmen mit derselben Zielgruppe eröffnen ihre Büros direkt nebeneinander.

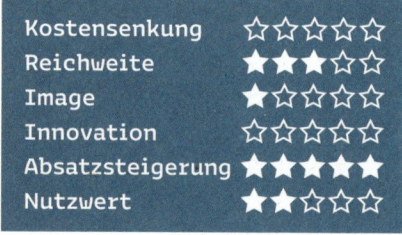

Medienkooperation / Influencer-Marketing

Unternehmen kooperieren im Rahmen von (redaktioneller) Berichterstattung. Das Unternehmen, über das berichtet wird, erhält Reichweite und stärkt sein Image.

Beispiel: Zwei Podcaster interviewen sich wechselseitig in ihren Kanälen.

Ressourcengemeinschaften

Unternehmen nutzen gemeinsam angeschaffte Geräte, Software, Räumlichkeiten oder teilen Personal. Die Kosten werden effizient gesenkt und unter Umständen können die Unternehmen ohre Prozesse optimieren und ihren Nutzwert erhöhen.

Beispiel: Drei Physiotherapeut:innen teilen sich eine Praxis und eine Bürofachkraft für Empfang, Terminkoordination und Buchhaltung.

Einkaufsgemeinschaften

Unternehmen kaufen gemeinsam Ware ein, um Mengenrabatte zu erzielen und Lieferkosten gering zu halten. Somit rationalisieren sie ihre Ausgaben.

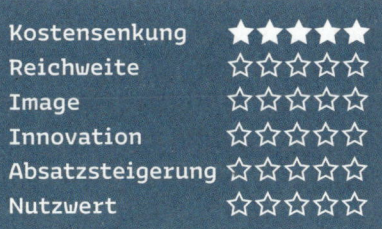

Beispiel: Vier Selfpublisher:innen mit eigener Auslieferung teilen sich eine Lieferung Verpackungen.

„Wenn über das Grundsätzliche keine Einigkeit besteht, ist es sinnlos, miteinander Pläne zu machen."

Konfuzius

Ideale Partner-Unternehmen für eine Kooperation

Marken können sich also gegenseitig stärken und voneinander profitieren. Aber welche Marke **stärkt das eigene Profil** tatsächlich? Welche stützt – und welche konterkariert gegebenenfalls das eigene Image? Ideale Marken für eine Kooperation sind solche, die hinsichtlich folgender Merkmale passen:

» Markenfit / Produktfit

» Komplementarität

» Motivationsfit

Markenfit

Die Marken und ihre Produkte sollten in Sachen Werte, Tonalität und ihrer psychografischen Zielgruppe zueinander passen. Man redet dann vom „Markenfit" bzw. vom „Produktfit".

Die Unternehmenskultur, die Werte und das Markenimage der kooperierenden Unternehmen sollten harmonieren. Wenn eine Marke beispielsweise für Nachhaltigkeit steht, sollte sie nicht mit einem Unternehmen kooperieren, das materiellen Konsum idealisiert.

Die psychografischen Aspekte einer Zielgruppe beziehen sich auf deren Bedürfnisse, Denkweisen und Hobbies. Auch hier sollten die Marken harmonieren. Beispielsweise haben GoPro und Red Bull bereits gemeinsam erfolgreich für ihre abenteuerlustige Kundschaft kooperiert, als sie einen Mann aus dem Weltall auf die Erde haben springen lassen. BMW und Louis Vuitton haben sich gemeinsam an ihre Zielgruppe der „Performer:innen" gewendet, als sie Luxus-Reisetaschen konzipiert haben, die ideal in den Kofferraum des BMWi8 passen.

Komplementarität

Eine Kooperation zwischen Marken, die einander zu sehr ähneln, ist nicht empfehlenswert, da es die Öffentlichkeit verwirren kann und die Marken nicht mehr als selbstständig wahrgenommen werden. Beispielsweise sorgten McDonalds und Burger King für Furore und viel Verwirrung, als sie für kurze Zeit kooperierten. Als nämlich

McDonalds bekanntgab, dass für jeden Big Mac an die Krebshilfe gespendet werden würde, haben alle Burger-King-Filialen in Argentinien für kurze Zeit ihren Whopper aus dem Menü genommen und Gäste an McDonalds verwiesen. Diese Kampagne war für die Erzrivalen des Fast Foods sehr ungewöhnlich und wurde von Agenturen kritisch gesehen, daher sind Kooperationen zwischen zu ähnlichen Marken mit Vorsicht anzugehen.

Motivationsfit

Im Rahmen von Abstimmungen zu mittel- und langfristigen Kooperationen sollte unbedingt erörtert werden, ob die Kooperationspartner:innen ein ähnliches Level an Commitment in Form von zeitlichem bzw. finanziellem Aufwand einbringen können und möchten. Außerdem ist es wichtig, dass sich die Partner:innen auf die nötige Transparenz und Zuverlässigkeit einlassen können.

Was in großen Unternehmen routiniert von Marketing-Abteilungen ausgetragen wird und meist professionell begleitet wird, ist eine häufige Stolperfalle für kleine Unternehmen, in denen Marketing meist links liegen gelassen wird und Vereinbarungen selten verschriftlicht werden. Genauere Empfehlungen für den Ablauf erläutere ich im Kapitel „Ablauf und Stolperfallen".

Passen diese drei Aspekte zusammen, kann sich eine **Eigendynamik** innerhalb der Kooperation entwickeln. Hat die Kooperation Ausstrahlungskraft und steht sie für klare Werte und Ziele, kann sie sogar eine **Bewegung** zünden. Der innere Antrieb sorgt für Veränderung. Es entsteht etwas größeres als die Summe der Einzelteile. Wenn eine Bewegung entsteht, sorgt das für Begeisterung und Vertrautheit. Um diese zwei Gefühle geht es im Marketing.

Daher sind Bewegungen ein so wirksamer Katalysator für Reichweite.

Nicht ohne Grund plädiert der Marketingexperte Seth Godin in seinem Buch *Tribes* dafür, Bewegungen („Stämme") zu initiieren anstatt sich selbst zu vermarkten. Das ist leichter gesagt als getan, wenn man als einzelnes Unternehmen agiert. Durch die richtigen Partnerschaften wird es jedoch ein greifbares Ziel.

Eine Gruppe braucht nur zwei Dinge, um ein Stamm zu sein. 1 - ein gemeinsames Interesse und 2 - eine Möglichkeit zur Kommunikation. Eine Menschenmenge ist ein Stamm ohne Anführer. Eine Menge ist ein Stamm ohne Kommunikation.

Menschenmengen sind interessant, [...] aber Stämme sind dauerhafter und effektiver. Stämme sind die wirksamsten Medienkanäle, die es je gab, aber sie stehen weder zum Kauf noch zur Miete. Stämme tun nicht, was sie sollen. Sie tun, was sie wollen. Deshalb ist es eine so mächtige Marketing-Investition, einen Stamm anzuführen.

Die meisten Organisationen verbringen ihre Zeit damit, sich für die Masse zu vermarkten. Intelligente Organisationen versammeln einen Stamm.

Das neue Marketing beinhaltet: Das Zusammenstellen eines großen und einflussreichen Stammes von Menschen, die auf dich hören. Wir fühlen uns zu Anführern und ihren Ideen hingezogen und können dem Rausch der Zugehörigkeit und dem Reiz des Neuen nicht widerstehen. Wir wollen Teil von etwas sein, das von Bedeutung ist. Jeder Anführer kümmert sich um eine Bewegung und unterstützt sie. Eine wie die Bewegung für freie Meinungsäußerung in Berkeley, die Demokratie-Bewegung auf dem Tiananmen-Platz oder die Bürgerrechtsbewegung in Mississippi. Oder vielleicht eine Bewegung wie die Begeisterung über handgerösteten Kaffee in Brooklyn oder die weltweite Sammlung von Menschen, die Tattoos lieben.

Heute gibt es auch kleine Bewegungen, winzige Bewegungen, abgeschottete Bewegungen. Die Bewegung kann zehn, zwanzig oder tausend Menschen bekannt sein, Menschen einer Gemeinde oder Menschen der ganzen Welt. Und meistens geht es um die Menschen, mit denen oder für die wir arbeiten. Oder auch diejenigen, die für uns arbeiten.

Das Internet bringt Menschen zusammen. [...] Und Bewegungen nehmen diese Menschen auf und verändern sie. Marketingexpert:innen, Organisator:innen und engagierte Menschen entdecken, dass sie eine Mikrobewegung entfachen können und sich dann von den Menschen, die ihr folgen, vorantreiben lassen können.

Aus *Tribes* von Seth Godin (übersetzt aus dem Englischen)

„Es ist erstaunlich, wie viel man erreichen
kann, wenn man sich nicht darum kümmert,
wer die Lorbeeren erntet."

Sandra Swinney

50 Kooperationsideen für die Praxis

» Eine Ernährungsberaterin, ein Life Coach, eine Herstellerin für Nussmilchbeutel und ein Kochbuchverlag erstellen gemeinsam ein Bundle für eine gesunde Ernährungsweise. **#bundling**

» Ein YouTube-Kanal darf exklusiv und als Erstes über die Entstehung von neuen Kollektionen eines Modedesigners berichten. **#medienkooperation**

» Eine Herstellerin von Nussmilchbeuteln und ein Ernährungscoach erstellen einen gebrandeten Beutel mit persönlicher Signatur. **#co-branding**

» In einem Unverpackt-Laden werden Ratgeber für nachhaltiges Leben verkauft. **#cross-selling**

» Mehrere Fitnesscoaches organisieren eine gemeinsame Challenge mit ihren Klient:innen, bei der für die Säuberung des Meeres gespendet wird. **#csr-kooperation**

» Eine Kanzlei für Verkehrsrecht arbeitet Hand in Hand mit einer Kfz-Werkstatt und einem Kfz-Sachverständigen. **#co-referencing**

» Eine Modedesignerin verweist auf die in ihrer Kollektion verwendete Schurwolle einer regionalen Schäferei. **#ingredientbranding**

» Eine Strandbar verleiht kostenfrei elektrisch betriebene Einräder und bietet diese im Anschluss zum Verkauf an. Der Hersteller verweist auf die Strandbar als Ort zum Probefahren. **#cross-selling**

» Taxifahrer warten um 1 Uhr nachts vor einer Bar, die schlecht an das öffentliche Verkehrssystem angebunden ist. **#co-referencing**

» Eine Konditorei bietet ihre handgemachten Cookies direkt in einem Headshop an. **#cross-selling**

» Die Hersteller nachhaltiger Kosmetika senden Influencern:innen kostenfreie Proben. **#influencer-marketing**

» Eine Chocolaterie und eine regionale Manufaktur für Spirituosen erstellen gemeinsam gefüllte Pralinen. **#ingredient-branding**

» Expert:innen für barrierefreie Inhalte veröffentlichen ein regelmäßiges Magazin über diskriminierungsfreie Lösungen. **#co-marketing**

» Eine Textilveredlungswerkstatt bestickt an einem Stand bei einer Tagung die Konferenz-Shirts mit individuellen Aufschriften als Happening. **#co-promotions**

» Mehrere Buchverlage erstellen und drucken ihre Vorschau der Neuerscheinungen gemeinsam. **#co-advertising**

» Ein Labor für Darmflora-Analysen bietet seinen Selbsttest in einem Shop für Fermentationszubehör an und verweist in den eigenen Auswertungen auf die gesundheitlichen Vorteile durch Fermentation. **#cross-selling**

» Ein Café mit gemütlichen Sitzgelegenheiten öffnet in einem Buchladen. **#co-creation**

» Ein Juwelierladen und ein Wedding-Planer empfehlen sich gegenseitig. **#co-referencing**

» Mehrere Hersteller für Sonnenschutzlösungen stellen ihre unterschiedlichen Lösungen in einem Online-Ratgeber leicht verständlich vor. **#co-marketing**

» Ein Trauerbegleiter bietet in einem Hospiz eine wöchentliche offene Sprechstunde an. **#co-referencing**

» Mehrere Tourismusunternehmen einer Destination teilen sich einen gemeinsamen Stand auf der ITB Tourismusmesse. **#co-promotions**

» Eine Hebamme und eine Stillberaterin starten gemeinsam einen Podcast. #co-marketing

» Eine Kanzlei für Steuerberatung und eine Vermögensberatung teilen sich Büroräume. #co-referencing

» Mehrere Führungskräfte-Coaches veranstalten ein gemeinsames Event für nachhaltiges Wirtschaften. #co-events

» Drei Trauma-Expert:innen schreiben gemeinsam ein Buch. #co-creation

» Ein Sprachschule für Deutschunterricht und eine Programmierschule bieten einen gemeinsamen Lehrgang für ausländische Fachkräfte an, um sie auf die Arbeitswelt vorzubereiten. #co-creation

» Eine Online-Video-Kochschule stellt einem Gemüsekorb-Lieferanten online abrufbare Kochvideos als Beilieger zu einer Lieferung zur Verfügung. #lizenzen

» Ein Hotel legt als Willkommensgeschenk kleine Gläser eines regionalen Weinguts in die Hotelzimmer. Größere Flaschen sind auch am Empfang erschwinglich. #cross-selling

» Ein Farb- und Stilberater kooperiert mit ausgewählten Boutiquen in der Innenstadt. #co-referencing

» Ein Hersteller für Kletterschuhe und eine Boulderhalle gestalten gemeinsam eine gebrandete Kollektion, die auch in der Halle vertrieben wird. #co-branding

» Ein Laden für Wolle und Stricksachen lädt DIY-Expert:innen für Workshops ein. #co-events

» Eine Gaststätte bietet eine Käseplätte einer lokalen Sennerei an und stellt den Hof im Menü vor. #ingredient-branding

» Die Hersteller:innen von Tiny Houses erstellen gemeinsam ein suchmaschinenoptimiertes Online-Portal mit einem Produktfinder. #co-marketing

» Eine Goldschmiedin und ein Modedesigner stimmen ihre Kollektionen aufeinander ab, machen gemeinsam ein Modeshooting und drucken eine gemeinsame Broschüre. **#co-advertising**

» Eine Buchhandlung spendet Bücher an Schulen und die Autorin veranstalten begleitende Lesungen. **#csr-kooperation**

» Ein Verlag schickt kostenfreie Bücher an Buch-Blogger:innen. **#influencer-marketing**

» Ein Performance Coach lädt alle Teilnehmenden seines Seminars zum Schluss in einen Windkanal zum Freiflug ein. **#cross-selling**

» Ein Autor stellt in seinem Reiseführer Manufakturen der Region vor. Dort wiederum ist auch sein Buch erhältlich. **#co-referencing**

» Eine Gruppe Online-Therapeut:innen sponsort einen Podcast über psychische Erkrankungen und stellt ihre Arbeitsweise in Interviews vor. **#medienkooperation**

» Eine Tierärztin, eine mobile Physiotherapie für Haustiere und ein Hundetrainer veranstalten ein gemeinsames Hoffest in ihrem Kiez. **#co-events**

» Mehrere Business Coaches starten ein Online-Magazin für New Work mit vielen Blog-Artikeln, Ratgebern und regelmäßigen Webinaren. **#co-marketing**

» Ein Massage-Therapeut, eine Yoga-Lehrerin, ein spiritueller Coach und eine Manufaktur für Handpans veranstalten gemeinsam ein Retreat in der Natur. **#co-events**

» Eine Herstellerin von Stoffwindeln erklärt die Nachteile von Wegwerfwindeln und die Handhabung von Stoffwindeln in einer Sendung für werdende Mütter. **#medienkooperation**

» Eine Webdesignerin für nachhaltige Websites und ein Hosting-Anbieter, der seine Server mit Ökostrom betreibt, empfehlen einander gegenseitig. **#co-referencing**

» Eine Gruppe Schmuckdesigner:innen teilen eine Werkstatt und schaffen sich gemeinsam einen 3D-Drucker für Metall inklusive passende Software an. **#ressourcengemeinschaften**

» Eine Expertin für Permakultur und ein Landschaftsgärtner erstellen gemeinsam einen Online-Kurs für nachhaltiges Gärtnern. **#co-creation**

» Ein Künstler erstellt in Zusammenarbeit mit einem Unternehmen eine limitierte Siebdruckedition, die für Weihnachtsgeschenke an die Mitarbeitenden verwendet wird. **#co-branding**

» Mehrere Akademien bieten gemeinsam einen Basis-Lehrgang an, in dem die Lernenden bei jeder Akademie reinschnuppern, bevor sie sich für einen Haupt-Lehrgang entscheiden. **#co-creation**

» Eine Konditorei verkauft ihr Gebäck an ein Café und lässt ihre Marke im Kaffeeschaum branden. **#ingredient-branding**

» Mehrere psychologische Expert:innen bieten gemeinsam ein Krisentelefon für Missbrauchsopfer an. **#csr-kooperation**

„Zusammenkommen ist ein Beginn,
Zusammenbleiben ein Fortschritt,
Zusammenarbeiten ein Erfolg."

Henry Ford

Ablauf und Stolperfallen

Eine Kooperation ist eine Konstellation mehrerer eigenständiger Unternehmen, die sich einen Mehrwert durch die Kooperation versprechen. Da Kooperationen aktuell noch eher die Ausnahme sind, findest du noch selten ein bestehendes Gefüge, an das du eventuell andocken darfst. Ohne einen solchen „Soforteinstieg" verlangt eine wirksame Kooperation in der Regel eine mittel- bis langfristige Investition zum Aufbau einer neuen Geschäftsbeziehung oder einer Gemeinschaftsmarke.

Die häufigste Stolperfalle ist ein fehlender „Motivationsfit". Daher sollten sich die Partner:innen über ihre Ziele und ihr Commitment im Klaren sein, damit das Vorhaben nicht auf halbem Weg zerbricht. Es lässt sich durchaus planen, wie eine Gruppe mit dem Ausstieg eines Partners oder einer Partnerin („**Exit-Szenario**") strategisch umgehen wird. Meist ist das sogar eine gute Gelegenheit aus den Fehlern zu lernen, das Profil zu schärfen und frischen Aufwind durch eine neue Partnerschaft zu erhalten. Umso wichtiger ist also eine **ehrliche Kommunikationsebene** und eine **klare Vision** für die Zusammenarbeit. Eine neutrale, unternehmerisch wie kooperativ denkende Begleitung im Prozess zahlt sich dabei aus und sorgt dafür, dass alle dranbleiben.

Von der Partner:innensuche bis zur Ergebnisbesprechung durchläuft eine Kooperation idealerweise die folgenden Phasen:

Bestandsaufnahme und Zielsetzung

Du brauchst zu Beginn eine klare Positionierung und konkrete Produktangebote, die im Rahmen der Kooperation mehr Reichweite bekommen sollen. Am besten machst du dir eine Liste: In welchen Bereichen soll dir die Kooperation helfen? Geht es um die Senkung von Kosten oder das Teilen von Geräten? Willst du Zugang zu einer bestimmten Zielgruppe bekommen? Willst du deine Sichtbarkeit erhöhen? Soll deine Marke mehr Ausstrahlung bekommen? Geht es dir um Wachstum und Austausch? Zugleich sollten deine Kapazitäten definiert sein. In welchem Rahmen bist du bereit, einen finanziellen oder zeitlichen Aufwand für die Erreichung der Ziele zu betreiben. Welche Meilensteine willst du wann erreicht haben?

Partnerschaftssuche und Kontaktaufnahme

Auf der Grundlage deiner Zielsetzung lässt sich gut ermitteln, wer deine idealen Partner:innen sind. Wenn du dich nach geeigneten Partnerschaften umschauen möchtest, kannst du in deinen bestehenden Netzwerken aktiv werden oder dich an die folgenden Anlaufstellen richten, welche Speeddating-Events und die Vermittlung von Partnerschaften anbieten:

Konzerne und Mittelstand: www.connectingbrands.de
Kleine bis mittlere Unternehmen: www.bubbleyourhub.de

Die meisten Unternehmen, mit denen ich spreche, freuen sich sehr über eine proaktive Kontaktaufnahme. Also keine Scheu! Sprich Traumpartner:innen möglichst konkret mit einem Vorschlag an. Die Einladung auf eine Tasse Kaffee verläuft sonst schnell im Sand.

Abstimmungen und Projektumsetzung

Eventuell ist das von dir angefragte Unternehmen noch nicht mit Kooperationsarbeit vertraut. Wenn du keine professionelle Kooperationsbegleitung für die Abstimmungen hast, dann nimm das Zepter in die Hand. Erkläre deine Zielsetzung. Erwähne, wie das andere Unternehmen profitieren würde. Sprich transparent über dein Zeit- und Geldbudget sowie über den zeitlichen Horizont, den du dir vorstellst. Sage, was du selbst für eine Erwartungshaltung hast. Tauscht euch auch über ein mögliches Exit-Szenario aus. Im Anschluss solltet ihr die Abstimmungen schriftlich festhalten. Lässt sich ein Unternehmen nicht auf ein konkretes Commitment ein, ist das ein „**Red Flag**"!

Bitte klärt unbedingt eure **Werte** in dieser Phase und überzeuge dich selbst davon, dass diese von deinen Partner:innen eingehalten werden. Du willst dich nicht mit dem nächsten Fynn Kliemann in Verbindung bringen lassen.

Monitoring und Ergebnis-Austausch

Tauscht euch regelmäßig über Project Wins und Kundenfeedback aus. Und bleibt am Ball: Besprecht weitere Ideen für eine Zusammenarbeit oder ergänzende Partner:innen.

Fallstudien

LESEN LOKAL STARTET DURCH!
Für Partner-
Buchhandlungen
IHRE VORTEILE:
DIE WICHTIGSTEN DATEN
030 34709515
VERTRIEB@LESEN-LOKAL.DE
edition progris
World for kids
terra press
2022
Lesen Lokal
WIR MACHEN DIE BÜCHER AUS BERLIN & BRANDENBURG
VERSTEHEN
ORIENTIEREN
ENTDECKEN
EINTAUCHEN
ERGREIFEN

lesen lokal

Die Kooperation *lesen lokal* ist ein Zusammenschluss der Buchverlage *World for kids*, *L&H Verlag*, *edition progris*, *ammian*, *Hendrik Bäßler* und *terra press*. Das Buchprogramm ist über einen gemeinsamen Online-Shop erhältlich und beinhaltet Sachbücher zur Kultur und Geschichte von Berlin-Brandenburg wie auch Reiseführer durch die Region und für Familien ins Ausland. *Lesen lokal* ist die erste Anlaufstelle für ausflugsorientierte und kulturell interessierte Bewohner:innen der Region. Dank der geballten Expertise sind auch bereits gemeinsame Buch-Publikationen im Auftrag von öffentlichen Einrichtungen entstanden.

In Zusammenarbeit veranstaltet das Team außerdem Events zum Austausch und Wissenstransfer in der Verlagsbranche sowie Aktionen in Buchhandlungen und bespielt gemeinsam Messestände.

Ein Kurzinterview mit Britta Schmidt von Groeling vom Verlag World for kids und Thies Schröder vom L&H Verlag

Was hat euch zu einer Kooperation bewegt?

Thies: Netzwerke und Kooperationen sind die Zukunft, egal in welcher Branche. Denn sie sind die Antwort auf Plattform-Strategien. In einer immer komplexeren Wissenswelt ist der Austausch von Wissen, Ideen, Kontakten, Geschäftsbeziehungen entscheidend.

Britta: Kooperationen sind aus meiner Sicht ein guter Weg, um Synergien zu finden bei Dingen, die sich als Einzelunternehmen nicht lohnen oder zu schwierig und aufwändig sind, um sie anzugehen. Ein weiterer Aspekt ist die Inspiration, das gegenseitige Befruchten, die Möglichkeit, über Ideen zu diskutieren mit Leuten, die in einer ähnlichen Situation sind.

Welche Synergien sind entstanden?

Britta: Es ist schon erstaunlich, wie schnell Dinge auf die Beine gestellt werden können, wenn ausreichend viele Leute mit ihren unterschiedlichen Skills daran mitwirken. Sei es in vertrieblicher Hinsicht oder im Marketing. Wir probieren vieles aus, unser Fokus liegt nicht ausschließlich auf mehr Geschäft, sondern auch auf der Ausweitung unserer Spielfelder. Das macht großen Spaß.

Thies: Entstanden sind und ausgetauscht werden Erfahrungen, die noch zu weiteren Synergien führen sollen. Bisher gibt es Nutzen der Synergien vor allem in der Sichtbarkeit der Verlagsprogramme und -titel, im Buchhandel, online im lesen lokal-Shop und in Kampagnen. Also im Bereich Vertrieb, Marketing. Auch in der Titelentwicklung ist der Austausch wertvoll. Im Bereich Einkauf liegen noch Chancen, ebenso im Bereich Auslieferung. Hier fehlen aber flexible Partner.

Wie werden Entscheidungen getroffen?
Thies: Durch Diskussionen, und dann meist übereinstimmend.
Britta: Wir diskutieren die Themen, die wir angehen wollen, in regelmäßigen Treffen. Und treffen die Entscheidungen dann gemeinsam.

Wie reagiert die Buchbranche auf lesen lokal?
Britta: Positiv. Wir sind ja nicht die erste Kooperation in der Branche, es gibt viele Verlage, Autor:innen und Illustrator:innen, die sich auf die ein oder andere Weise zu Kooperationen zusammengeschlossen haben. Daraus sind ganz unterschiedliche Dinge entstanden. Von großen Verbänden bis zu kleinen Vertriebsgemeinschaften.
Thies: Der Buchhandel vor Ort reagiert meist positiv, erwartet aber auch, dass die Synergie-Vorteile spürbar werden. Hier mangelt es noch in der Auslieferungs-Kooperation.

#co-creation #co-events #co-marketing #co-promotions
#bundling #cross-selling #medienkooperation
#ressourcengemeinschaften #einkaufsgemeinschaften

www.lesen-lokal.de

Eure Partnerschaft ist besonders.

Ihr braucht euch keinen Konventionen zu beugen.

Ihr seid zwei oder drei? Ihr wollt zum ersten oder zum wiederholten Mal heiraten? Ihr kommt als Patchwork-Familien zusammen? Ihr wollt euch ein Partnerschaftsversprechen jenseits des Üblichen geben?

Mit uns gebt ihr Euch ein ehrliches, herzliches und von tiefer Verbundenheit getragenes, interkulturell oder bunt eure Beziehung ist und ganz gleich ob mit oder ohne Trauschein, euren Traum davon wahr werden zu lassen und eurer Verbindung Bedeutung und Ausdruck zu geben.

Wir begleiten euch dabei,

Sabine
sein soll, w
Eurer Reise u
benötigt!

Am Tag der Zeremo
Moment für Euch bes

Sich trauen – neu gedacht

Der Zusammenschluss *Sich trauen – neu gedacht* richtet sich an Partnerschaften, die sich jenseits von Konventionen, ob mit oder ohne Trauschein, ein Versprechen geben wollen. Sieben Expert:innen gestalten mit den Partnerschaften eine Reise bis hin zu einer gemeinsam konzipierten Zeremonie.

Involviert sind der Florist Karsten Flöter, die Ritualbegleiterin Sabine Deschauer, die Goldschmiedin Katharina Böck, die Kunstmalerin Gabriele Hiller, die Styleberaterin Marina Eijking, die Fotografin Tina Weiß und die Fachanwältin für Familienrecht Dagmar Störmann. Als gut eingespieltes und erfahrenes Team können sie auf außergewöhnliche Anforderungen bei der Ausgestaltung eingehen und somit ihrer Zielgruppe ein ausgefallenes und maßgeschneidertes Angebot machen.

Ein Kurzinterview mit Sabine Deschauer von Beseelte Momente

Wie entstand die Idee von „Sich trauen – neu gedacht"?

Wir, alle auf die eine oder andere Art mit dem Thema Hochzeit feiern befasst, haben, anfangs zu fünft, dann zu siebt unsere Erfahrungen mit Hochzeiten und freien Trauungen ausgetauscht. Dabei haben wir Lust bekommen, etwas gemeinsam auf die Beine zu stellen. Etwas, das in unsere Zeit passt und es so nicht schon gibt.

Es gibt viele Wedding-Planer, die Paaren gerne alles abnehmen. Auf den ersten Blick könnte man meinen, das tun wir mit unserem Angebot auch. Es gibt jedoch einen wesentlichen Unterschied: Wir laden Partner:innen ein, das Besondere ihrer Partnerschaft, ihre eigene Magie zu entfalten, indem sie selbst tätig werden: ihre Ringe schmieden, ihr Bild malen, ihren Stil und ihre Symbole finden, ihre Schwelle gestalten. Als Experten unserer jeweiligen Fachgebiete geben wir Anregungen, Orientierung und die Gewissheit, dass jede Etappe und das Ergebnis bezaubernd werden.

Aber was da genau entsteht, ist etwas ganz Persönliches, Unverwechselbares: eine Reise in neun Etappen zum Bund fürs Leben mit einem zeremoniellen „Ja" zueinander. Genau das Richtige für Partner:innen, die Lust auf den gemeinsamen Weg haben, ihr „Ja" zueinander mit ihren Gästen feiern wollen, sich aber nicht in rechtliche oder gesellschaftliche Vorgaben zwängen wollen.

Warum gibt es so wenig Angebote für Menschen, die anders heiraten möchten?

Vielleicht, weil es sich so schwer in Worte fassen lässt? Wir haben Etappen zusammengestellt, die den Partnern und ihren Gästen Erfahrungen miteinander ermöglichen. Sie entdecken an sich selbst und aneinander neue Facetten und probieren gemeinsam Neues aus: sie gestalten ihren Trauschein in einem Gemälde selbst, schmieden ihren Partnerschaftsschmuck, entwickeln ihren Stil weiter und gestalten ihre Zeremonie mit allen Sinnen. Eine Rechtsberatung gibt Orientierung, damit die Romantik auf sicheren Beinen steht, und unsere Fotografin sorgt dafür, dass der Zauber eingefangen wird. Da braucht es gar nicht so viele Worte, um magische Momente miteinander und den Gästen entstehen zu lassen.

Welcher Mehrwert für eure Kund:innen entsteht durch die Kooperation im Gegensatz zu einem Alleingang?

Dass wir dieses Angebot gemeinsam entwickelt haben, führt dazu, dass wir gut miteinander eingespielt sind. Die Kund:innen lernen uns alle gleichzeitig kennen und briefen uns alle gemeinsam.

Und wir überlegen auch als Team, wie wir die Magie unserer Kund:innen am besten spürbar und sichtbar werden lassen können. Die Etappen entfalten jede für sich und miteinander eine Tiefe, die mit unverbundenen Gewerken nicht entsteht.

#co-creation #co-marketing #bundling

www.sich-trauen-neu-gedacht.de

netSfon

Die Genossenschaft *netSwerk eG* vertreibt Netzwerk- und Telekommunikationslösungen als hochspezialisiertes IT-Systemhaus mit eigenen Telefonie-Produkten. Die *ratsam GmbH* ist Premium-Vertragshändler für Telekom, Vodafone und O2 mit einer enormen Menge an Vermittlungen. Durch die strategische Kooperation seit 2017, können die Partner eigene Sondertarife und Rahmenverträge erstellen und anbieten. Diese konnten z.B. bei den Deutschen Journalismusverbänden, dem Deutschen Marinebund, dem Skiverband Sachsen und vielen weiteren Kunden exklusiv etabliert werden.

Beide Unternehmen arbeiten zunehmend enger zusammen und haben in Kooperation ihre gemeinsame Telefoniemarke *netSfon* gegründet.

Ein Kurzinterview mit Andreas Schlosser von netSwerk eG

Wie entstand die Idee für die Zusammenarbeit?

In der Telekommunikationsbranche gibt es im Regelfall kein Miteinander. Hier galt es schon immer den Mitbewerber durch günstigere Verträge oder bessere Technik auszustechen. Leider heißt das häufig, dass es einen günstigeren oder technisch besseren Anbieter gibt, da es fast unmöglich ist beide Faktoren für einen Kunden sinnvoll unter einen Hut zu bringen.

Diese für Kunden nicht optimale Situation haben wir gründlich überdacht und daraus ein Konzept entwickelt, das es ermöglicht vertragliche und technische Aspekte perfekt auf die jeweiligen Bedürfnisse des Kunden abzustimmen.

Was ist euch in eurer Zusammenarbeit miteinander wichtig?

Nach über 5 Jahren erfolgreicher Zusammenarbeit wissen beide Unternehmen ihre Stärken vollumfänglich auszuspielen. Beide Unternehmen samt der Teams vertrauen sich zu 100 %, erarbeiten die Ziele des Kunden immer gemeinsam und planen sowohl die tariflichen Details, als auch die technische Umsetzung in enger Kooperation und Zusammenarbeit.

Das exakte Wissen rund um das Angebot und die Möglichkeiten des Partnerunternehmens ermöglichen einen unglaublichen Überblick und Weitblick, der es im Empfehlungsgeschäft ermöglicht, eine Vielzahl gemeinsamer Projekte zu realisieren. Dieses Allein-stellungsmerkmal in Vertrieb und technischer Realisierung ist un-sere größte Stärke.

Was hat eure Kundschaft davon, mit euch als Kooperation zu arbeiten?

Egal ob die großen Netzbetreiber selbst, Providerhotlines oder Telefonie-Läden, verkauft wird nur, was es von der Stange gibt. Finanziell hört sich das oft nicht schlecht an, doch reicht das in vielen Fällen nicht aus. Erst nach einer missglückten Vertragsschal-tung, nachdem Türklingeln, PC-Software oder andere Komponen-ten nicht mehr funktionieren, stellt man fest, dass die technischen Gegebenheiten von Unternehmen und öffentlichen Einrichtungen viel spezieller sind.

Die Zusammenarbeit, startend mit einem Termin vor Ort, bei dem die örtlichen, technischen und vertraglichen Gegebenheiten analysiert, ausgewertet und mit den Zielen des Kunden abgegli-chen werden, ermöglicht es erst den perfekt zum Kunden passen-den Tarif und geeignete technische Lösungen anzubieten. Unsere Partnerschaft, bestehend aus Consultingleistung, Projekt- und Vertragsplanung samt baulicher und technischer Umsetzung, Mit-arbeiterschulung und benutzerdefinierten Anpassungen, gibt es in der Form bei keinem anderen Anbieter.

Warum bieten große Unternehmen wie die Telekom solche Leis-tungen nicht an?

Je größer ein Unternehmen in diesem Bereich ist, desto starrer und unflexibler sind die internen Prozesse, Abläufe und deren ei-gene IT-Struktur. Alle großen Telefonieprovider leben von einem Massengeschäft ohne Rückfragen von Kunden mit individuellen Wünschen und Bedürfnissen. Diese Situation macht sich unsere Kooperation zu Nutze entwickelt daraus enorme Potenziale.

#co-creation #co-marketing #cross-selling

www.flatrate-profi.de und www.netsfon.de

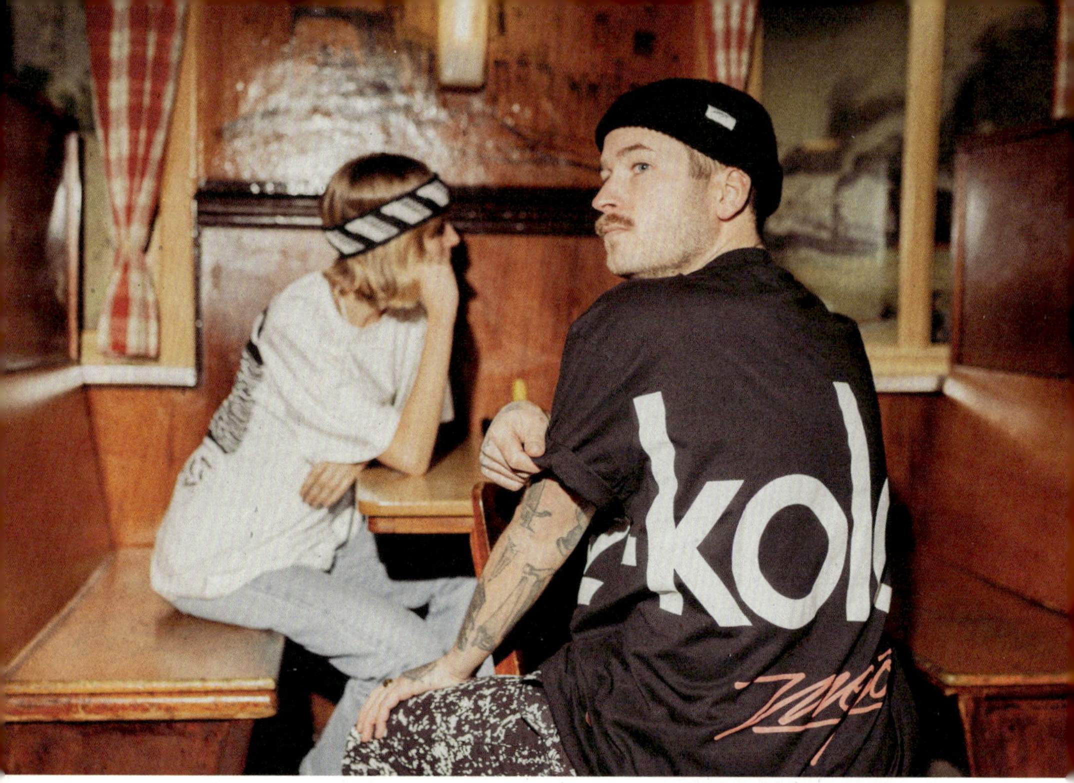

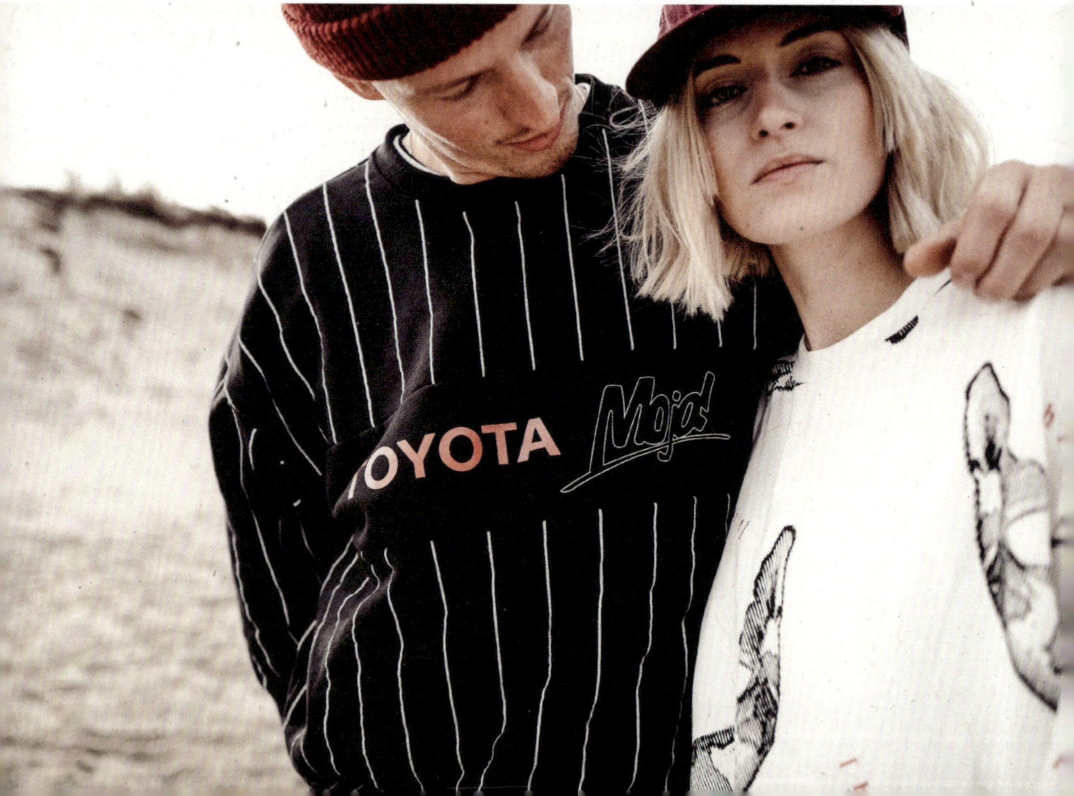
TOYOTA

Mojo Store

Der *Mojo Store* vertreibt eigene Kollektionen wie auch Unikate im Bereich Streetwear im Hamburger Szeneviertel Sternschanze. Neben den eigenen Streetwear-Kollektionen gestaltet das Team auch Mode für große Marken im Rahmen von Auftragsarbeiten.

Regelmäßig entstehen auch Co-Branding-Kollektionen in Zusammenarbeit mit großen Marken, die eine stark limitierte Kollektion mit dem *Mojo Store* gemeinsam entwickeln. Diese erfreuen sich großer Beliebtheit und werden oft mit Release-Events im Laden der Öffentlichkeit präsentiert.

Ein Kurzinterview mit André Gießelmann vom Mojo Store

Auf wessen Initiative entstehen die Kooperationen?

Das ist ganz unterschiedlich. Natürlich kommen auch Brands und Agenturen auf uns zu und haben Interesse an einer Kollaboration. Doch oft suchen wir uns auch zukünftige Partner aus und stellen da direkt eine Anfrage zusammen mit einem Konzept.

Wichtig ist bei uns eine gesunde Mischung von kleinen lokalen und coolen Brands. Alle müssen natürlich auch mit ihrer Philosophie und den Werten zu Mojo passen. Das ist für uns die Basis für eine mögliche Zusammenarbeit.

Mit welchen Marken arbeitet ihr besonders gerne?

Bisher haben wir nur gute Erfahrungen gemacht und sind immer super happy mit unseren Partnern. Da könnte ich jetzt wirklich alle nennen: fritz-kola, Hornbach, Toyota, Erika's Eck, Aperol, Helbing...

Ebenfalls besteht eine gute Zusammenarbeit mit diversen Agenturen, die natürlich die Marken vertreten. Zu unseren Kollaborationen übernehmen wir ja auch das Design und die Produktion für Fashion von diversen Brands. Dabei erkennt man in der Öffentlichkeit dann gar nicht, dass es von uns ist. Das sind dann immer Auftragsarbeiten, die aber genauso Spaß machen und sehr reizvoll sind.

Wie läuft der Designprozess ab?

In enger Absprache mit der Brand/Agentur. Dann habe ich oft schon eine Vorstellung, weil ich mich mit der Historie der betreffenden Brand beschäftige und versuche die aktuellen Trends mit dem Vintage-Touch zu vereinen.

Es entstehen immer eigene Geschichten und bisher haben sich Prozesse noch nie wiederholt. Das ist super spannend und vielfältig. Man ganz also sagen: Ganz classy – Moodboards basteln, dann Stift und Farbe ... bis hin zur digitalen Visualisierung.

Wie reagieren die Fans vom Mojo Store?

Sehr gut. Es steigt immer die Spannung, mit welchem Partner wir wieder um die Ecke kommen. Wir lassen aber auch gerne Wünsche zu und gucken ob Etwas möglich ist. Zudem sind unsere Drops ja immer sehr limitiert und die Fans freuen sich über eine zweite oder sogar dritte Runde mit der jeweiligen Brand.

Zusammen veranstalten wir auch oft ein Release-Event im Mojo Store in Hamburg, wo wir schon ein paar Warteschlangen erlebt haben.

Welche Synergien entstehen für beide Parteien?

Sichtbarkeit und nachhaltige Promotion. Sowohl digital als auch klassisch auf der Straße. Wir machen mit unseren Streetwear-Drops ja keine Merchandise-Produkte, die nach 1-2 mal Tragen in der Tonne landen. Unser Anspruch sind immer Fashion-Pieces, die auch in den nächsten Jahren noch relevant sind und weiter getragen werden.

#co-branding #co-promotions #co-events

www.mojostore.de

Salz inner Suppe

Das Duo *Salz inner Suppe* ist eine Kooperation der Gastronomieberaterin Annik Rauh aus Deutschland und der Hotelberaterin Lisa Boje aus der Schweiz. Ihr gleichnamiger Podcast ist der älteste und wahrscheinlich größte Business-Podcast für die Hotellerie. Sie treten gemeinsam als Berichterstatterinnen und Speakerinnen bei Branchenevents auf und geben interaktive Live-Webinare.

Je nach Bedarf der Kundschaft beraten sie entweder einzeln oder gemeinsam in Kooperation zukunftsweisende Hotel- und Gastronomieketten und ergänzen einander optimal.

Ein Kurzinterview mit Annik Rauh von Gastro Angels

Seid ihr eigentlich klassisch gesehen Konkurrentinnen?

Das könnten Andere eventuell so sehen. Wir haben tatsächlich nahezu identische Themen, aber arbeiten perfekt gemeinsam statt gegeneinander. Da wir uns gegenseitig schätzen und auch ergänzen, funktionieren wir gut im Duo.

Unsere Kund:innen freuen sich über die große Flexibilität in unserer Beratung. Zu Beginn der Bestandsaufnahme ist nicht immer klar, welche Expertise konkret im Projekt benötigt wird.

Und manchmal muss auch einfach die Chemie stimmen. Wir können agil mit geballter Fachkompetenz auf den Bedarf reagieren. Wo ich zum Beispiel weiß, wie die Hütte voll wird, kann Lisa ein Hotel ganz fix durchkalkulieren und versteht, wie man Mitarbeitende bindet. Der Kundenbedarf steht bei uns im Mittelpunkt.

Wie gelingt euch die Zusammenarbeit auf einer menschlichen Ebene trotz der räumlichen Entfernung?

Wir haben uns eher zufällig bei einem tiefgehenden Marketing-Programm kennengelernt. Es war eigentlich eher ein „Hosen Runter"-Programm und ging wirklich an die Substanz. In diesem Prozess sind wir uns bereits auf einer sehr persönlichen Ebene der Kommunikation begegnet. Das hat uns von Beginn an ermöglicht, ehrlich im Umgang miteinander zu sein.

Oft beobachten wir, wie Menschen in der Zusammenarbeit mit einem dicken Hals herumrennen, weil sie Dinge nicht transparent ansprechen. Bei uns gibt es keine Geheimnisse und wir haben auch große Wertschätzung füreinander. So läuft die Zusammenarbeit geschmeidig, auch wenn wir uns bisher nur sehr selten in Person getroffen haben.

Welchen Mehrwert hat die Kooperation für euch bisher?
Die Arbeit an unserem Podcast und Blog ist eine langfristige Investition. Content zu erstellen ist nun mal viel Arbeit. Zwischenzeitlich wurde mir das alles zu viel und ich hatte Lisa darauf angesprochen, ob wir das auf Eis setzen.

Ich bin sehr froh darüber, dass sie uns weiter vorangetrieben hat. Das Dranbleiben hat sich rentiert und nun melden sich der Reihe nach Kund:innen bei uns, die auf uns gestoßen sind und mit uns arbeiten möchten.

#co-creation #co-marketing #co-referencing

www.salzinnersuppe.de

Marketing Tapas

Mit den *Marketing Tapas* bekommen interessierte Unternehmer:innen kostenfreie Tipps für mehr Sichtbarkeit in audiovisueller Häppchenform. Die Inhalte werden von einer Kooperation folgender Agenturen bereitgestellt: *Goldmund Kommunikation* ist seit 25 Jahren in der PR- und Pressearbeit erfolgreich. *K2G* unterstützt seit 2009 als Full Service Strategie- und Marketingagentur KMU dabei, deren Markenauftritt zu entwickeln oder weiter zu professionalisieren. Die *MASSEK.DE GmbH* von Dr. Holger Massek verwandelt Webseiten, die keine oder zu geringe Ergebnisse erzielen, in wirkungsvolle Instrumente der Kundengewinnung.

Ein Kurzinterview mit Ronald Battistini von Marketing Tapas

Wie entstand die Idee für die Zusammenarbeit?

Ende 2020, im ersten Jahr der Corona-Pandemie: In Deutschland macht die Digitalisierung plötzlich Sprünge, man trifft sich auf Videokonferenzen via Zoom, MS Teams, Google Meet etc. und steckt die kreativen Köpfe zusammen. Das machen auch vier Marketing-Profis aus drei Berliner Kommunikationsagenturen.

Sie eint eine Mission und Haltung: Auch kleine Unternehmen verdienen Aufmerksamkeit! Die Unternehmer:innen Carola Battistini-Goldmund und Ronald Battistini, Birgit Woitke und Holger Massek haben sich über das Business-Netzwerk *BNI* kennengelernt und wollen ihr Fachwissen an Gründer:innen sowie Kleinunternehmer:innen weitegeben.

Was ist der Mehrwert für euer Publikum?

Aus diesen unterschiedlichen Disziplinen entstanden die Marketing Tapas – kleine, gehaltvolle Wissenshäppchen für mehr Sichtbarkeit und Bekanntheit. Dargereicht in kurzen Videos mit klaren Handlungsanleitungen. Damit erhalten kleine Firmen und Start-ups professionelle Marketing-Werkzeuge kostenlos an die Hand.

Auf der Website *www.marketing-tapas.de* stehen verschiedene Online-Lernmodule nach Login zur Verfügung. Die ersten Module behandeln die Themen „Erfolgreiche Pressearbeit", „Employer Branding/Markenbildung" und „Online Marketing". Das Angebot wird nach und nach erweitert. Der Hauptbereich wird dabei kostenfrei bleiben. Ein kostenpflichtiger Premium-Bereich kann später hinzukommen.

Wie wirken sich die Marketing-Tapas auf eure Sichtbarkeit aus?

Die Anbieter nennen sich Tapasteros und zeigen ihre Expertise in ihren Fachgebieten. Sie werden weiterempfohlen und wer über die kostenlosen Kurse hinaus professionelle Marketing-Unterstützung braucht, kann die drei Agenturen natürlich gegen Honorar buchen.

Was habt ihr für Pläne für die Kooperation?

Für die Kooperation war zunächst natürlich wichtig, dass die Chemie zwischen den Protagonisten stimmt. In unterschiedlicher Konstellation haben sie bereits in verschiedenen Projekten erfolgreich zusammengearbeitet. Sie schätzen und verstehen sich. Die Zusammenarbeit soll auf weitere Themenfelder ausgeweitet werden und auch weitere Kooperationspartner können dann ins Boot geholt werden, damit die Tapas-Vielfalt noch größer wird.

#co-marketing

www.marketing-tapas.de

Über die Autorin

Lisa Vanovitch ist Website Coach und Inhaberin des Designbüros Vanovi Design für Branding, Grafikdesign und Webdesign. Mit dem Portal *Bubble Your Hub* vernetzt ihr Team kleine Unternehmen miteinander und begleitet die Kooperationen beim Branding, Webdesign und Marketing.

Literatur

- » Godin, Seth: *Tribes: We need you to lead us.* Piatkus, London 2011
- » Kilian, Karsten und Pickenpack, Nils (Hrsg.): *Mehr Erfolg mit Markenkooperationen.* BusinessVillage, Göttingen 2018
- » Pickenpack, Nils (Hrsg.): *Markenkooperationen.* BusinessVillage, Göttingen 2013
- » Vanovitch, Lisa: *Es liegt dir auf der Zunge – wie du als Coach Menschen über dich reden lässt.* edition progris, Berlin 2022
- » Vilmar, Answin: *Markenkooperationen – Kooperationsmarketing: Strategien und Entscheidungshilfen für die Praxis.* Varus, Bonn 2006
- » Zinke, Guido: *Lohnentwicklung in Deutschland und Europa.* Bundeszentrale für Politische Bildung, Bonn 2020

Bildnachweise

- » S. 38-39 | lesen lokal: Design + Fotos von Vanovi Design, Satz von Typegerecht
- » S. 42-43 | Sich trauen - neu gedacht: Design von Vanovi Design
- » S. 50-51 | Mojo Store Fotos:
  fritz-kola: Aileen Höltke / Aperol: Felicia Malecha / Toyota: Boris Arnold
- » S. 58-59 | Marketing Tapas: Foto von Secha6271 iStock

Auch aus der Reihe „Bubble Your Hub":

„Es liegt dir auf der Zunge"

Wie du als Coach Menschen
über dich reden lässt
von Lisa Vanovitch

ISBN: 978-3-88777-056-3
erhältlich im Buchhandel
oder auf www.vanovi.design/shop

Impressum

1. Auflage 2022
edition progris
Heidekampweg 17
12437 Berlin

www.edition -progris.de

ISBN: 978-3-88777-057-0

Lektorat: Manuel Lindinger und Katherine Vanovitch
Satz und Covergestaltung: Vanovi Design

Gedruckt in Deutschland auf 100 % recyceltem Papier (Blauer Engel)
Alle Rechte vorbehalten

edition progris ist Mitglied der Verlagskooperation lesen lokal:
www.lesen-lokal.de

Bibliographische Information:

Die Deutsche Nationalbibliothek verzeichnet diese Publikation in der Deutschen
Nationalbibliografie; detaillierte bibliografische Daten sind im Internet über
http://dnb.dnb.de abrufbar.